Temporada de calabazas

escrito por Luana K. Mitten y Mary M. Wagner
traducido por Yanitzia Canetti

ROURKE CLASSROOM RESOURCES
The path to student success

Estas semillas planas se convierten en plantas de **calabaza**.

En la primavera o el verano, remueve la tierra y siembra las semillas.

Riega y espera.

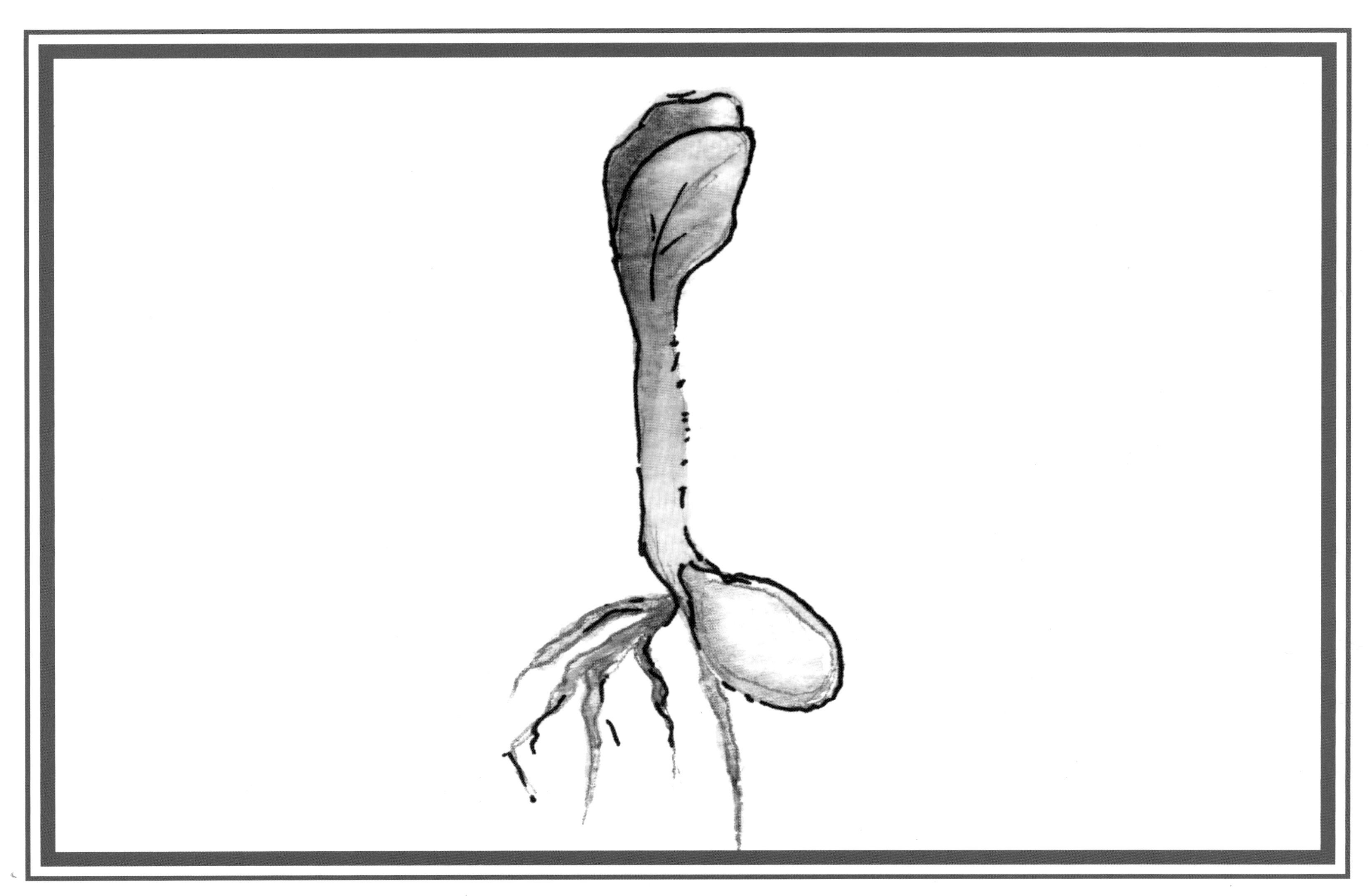

El sol calienta. En poco tiempo, comienzan a crecer pequeñas raíces **bajo** tierra.

Y unas hojas pequeñas brotan de la tierra.

El sol ofrece luz y calor. Las hojas y raíces crecen y crecen.

Y salen unos **capullos** amarillos.

Las abejas llevan el **polen** de una flor amarilla a la otra para que crezca el fruto de la calabaza.

Riega y espera un poco más.
La calabaza crecerá.

y crecerá.

En el otoño, se **cosecha** la calabaza madura.

Las personas tallan caras en la parte de afuera de las calabazas.

Puedes hacer un pastel con la parte de adentro de la calabaza.

Y puedes tostar algunas semillas de calabaza para que comas una delicia. Pero guarda unas pocas para sembrarlas en la primavera y...

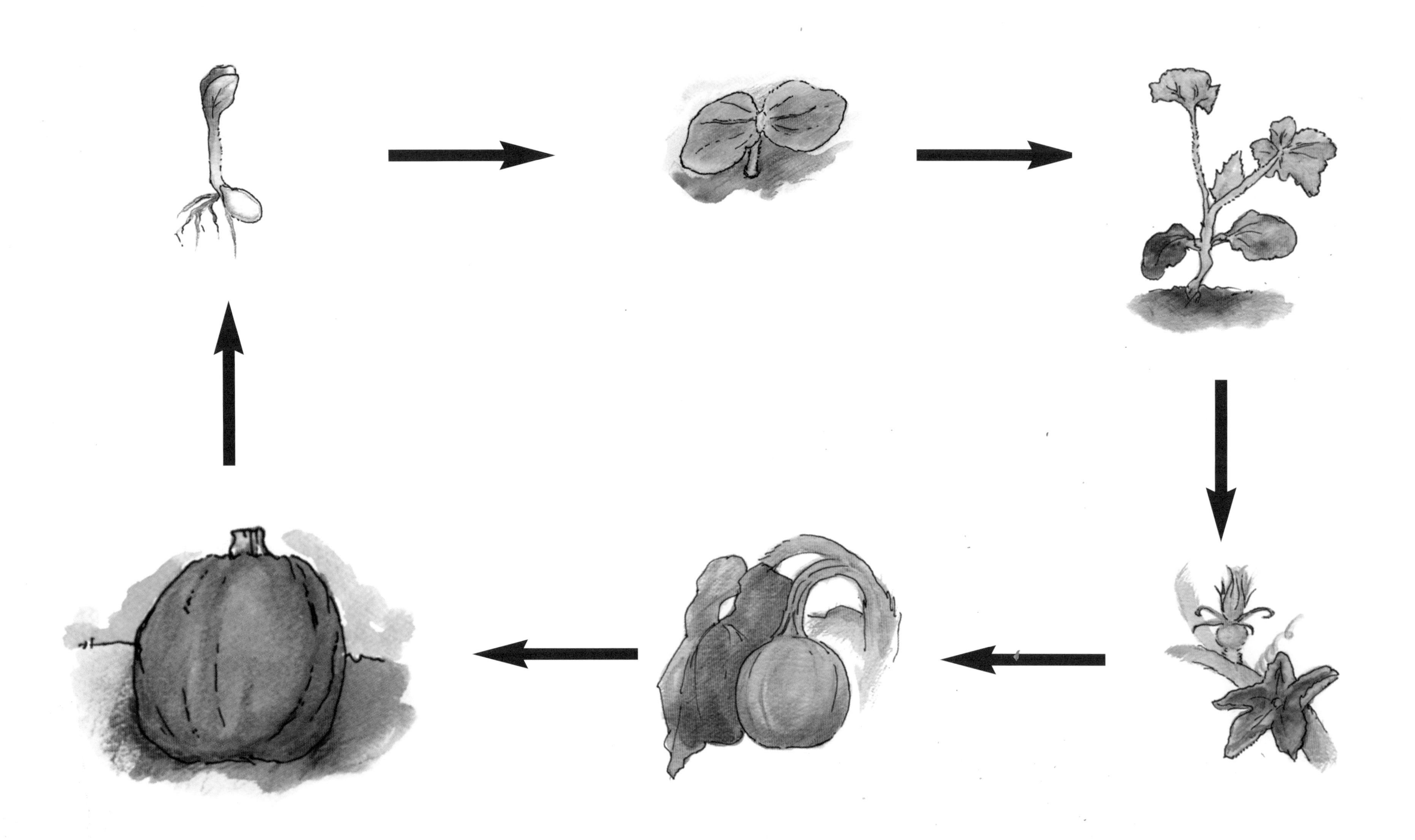

El ciclo de la calabaza se repite.